essentials

essentials liefern aktuelles Wissen in konzentrierter Form. Die Essenz dessen, worauf es als „State-of-the-Art" in der gegenwärtigen Fachdiskussion oder in der Praxis ankommt. *essentials* informieren schnell, unkompliziert und verständlich

- als Einführung in ein aktuelles Thema aus Ihrem Fachgebiet
- als Einstieg in ein für Sie noch unbekanntes Themenfeld
- als Einblick, um zum Thema mitreden zu können

Die Bücher in elektronischer und gedruckter Form bringen das Expertenwissen von Springer-Fachautoren kompakt zur Darstellung. Sie sind besonders für die Nutzung als eBook auf Tablet-PCs, eBook-Readern und Smartphones geeignet. *essentials:* Wissensbausteine aus den Wirtschafts-, Sozial- und Geisteswissenschaften, aus Technik und Naturwissenschaften sowie aus Medizin, Psychologie und Gesundheitsberufen. Von renommierten Autoren aller Springer-Verlagsmarken.

Weitere Bände in der Reihe http://www.springer.com/series/13088

Wärme und Entropie

Heinz Herwig

Doch, sie gehören zusammen!

Springer Vieweg

Heinz Herwig
Institut für Technische Thermodynamik
(M-21), Technische Universität Hamburg
Hamburg, Deutschland

ISSN 2197-6708   ISSN 2197-6716   (electronic)
essentials
ISBN 978-3-658-26969-2   ISBN 978-3-658-26970-8   (eBook)
https://doi.org/10.1007/978-3-658-26970-8

Die Deutsche Nationalbibliothek verzeichnet diese Publikation in der Deutschen Nationalbibliografie; detaillierte bibliografische Daten sind im Internet über http://dnb.d-nb.de abrufbar.

Was sie in diesem *essential* finden können

- Eine Erklärung, warum „Wärme" und „Entropie" zwei eng miteinander verbundene physikalische Größen sind.
- Was „Wärme" und „Entropie" genau sind bzw. wie sie definiert werden.
- Den Unterschied zwischen einer ingenieurwissenschaftlichen und einer thermodynamischen Sicht auf Wärmeübertragungs-Prozesse.
- Welche zusätzliche Information man erhält, wenn man bei der Wärmeübertragung auch die Entropie betrachtet.
- Welche Kennzahlen sinnvollerweise neben der häufig verwendeten Nußelt-Zahl zur Beschreibung von Wärmeübertragungs-Prozessen noch verwendet werden können (und sollten).
- Drei Beispiele, in denen die Entropiebetrachtung eine entscheidende Rolle spielt.

Vorwort

Wärme und Entropie: Doch, sie gehören zusammen!

Es ist schon merkwürdig:

Der Begriff „Wärme" ist sehr populär, wird aber in vielen Fällen falsch und irreführend eingesetzt. Der Begriff „Entropie" ist äußerst unpopulär und wird weitgehend gemieden.

Beides muss und sollte nicht sein. Mit diesem *essential* soll ein Beitrag geliefert werden, mit dem sowohl der Wärme-Begriff präzisiert als auch der Entropie-Begriff entmystifiziert wird. Vielleicht wird beides nicht vollständig gelingen, aber ein größerer Schritt in die beschriebenen Richtungen sollte es schon sein, hofft der Autor!

In dem vorliegenden *essential* wird davon ausgegangen, dass grundlegende Kenntnisse über die verschiedenen Arten von Wärmeübertragungen in technischen Systemen vorhanden sind. Um diese eventuell „aufzufrischen" oder auch als grundlegende Einführung in die Thematik sei das *essential Wärmeübertragung/Ein nahezu allgegenwärtiges Phänomen* (Herwig 2017a) empfohlen.

Last but not least: Ein herzliches Dankeschön geht an Dr.-Ing. Andreas Moschallski und Herrn Thomas Zipsner für ihre hilfreichen Kommentare und Anmerkungen. Und: Danke an Hanna Maria Bickmeier für die perfekte Umsetzung eines handschriftlichen Manuskriptes.

Hamburg
Frühjahr 2019

Heinz Herwig

Inhaltsverzeichnis

Einleitung: Wärme mit oder ohne Entropie? 1

In nahezu jedem thermodynamischen Fachbuch lautet eine der ersten Formeln, die man dort im Zusammenhang mit dem Stichwort „Wärme" findet

$$\dot{Q} = T\dot{S}_Q \tag{1.1}$$

Mit dieser Beziehung wird ein Energietransfer über eine Systemgrenze beschrieben. Dabei ist $\dot{Q}$ die Prozessgröße „Wärmestrom" (in Watt (W)), T ist die absolute Temperatur an der Systemgrenze (in Kelvin (K)) und $\dot{S}_Q$ ist die zeitliche Veränderung der Entropie (in Watt pro Kelvin (W/K)). Offensichtlich gibt es einen engen und fundamentalen Zusammenhang zwischen den beiden Größen „Wärme" und „Entropie".

Aber: In nahezu jedem Fachbuch zur Wärmeübertragung sucht man die Größe „Entropie" vergeblich! So kommt der Begriff „Entropie" auf den 886 Seiten des angelsächsischen Standardwerkes *Fundamentals of Heat and Mass Transfer* von F. P. Incropera und D. P. DeWitt (JohnWiley & Sons, 4th. ed.) nicht ein einziges Mal vor! Gleiches gilt für die 1107 Seiten von G. Nellis, S. Klein: *Heat Transfer* (Cambridge University Press).

Für diese konsequente Ignoranz bzgl. der Entropie kann es zwei Gründe geben: Die Entropie hat sich entweder als irrelevant für die Beschreibung von Wärmeübertragungsprozessen herausgestellt, oder aber, sie wird wissentlich ignoriert, obwohl sie relevant ist.

Der Leser ahnt vielleicht schon, welche der beiden Optionen vom Autor dieses Buches als zutreffend angesehen wird (oder, um es mit dem *essential*-Untertitel zu sagen: Doch, sie gehören zusammen!). Es gilt also, gute Gründe für die

© Springer Fachmedien Wiesbaden GmbH, ein Teil von Springer Nature 2019
H. Herwig, *Wärme und Entropie*, essentials,
https://doi.org/10.1007/978-3-658-26970-8_1

„Rehabilitierung" der Entropie anzuführen und damit deutlich zu machen, welche Vorteile es hat, die Entropie im Zusammenhang mit Problemen der Wärmeübertragungnicht zu „unterschlagen".

Zuvor sollen aber die zentralen Begriffe „Wärme" und „Entropie" genauer betrachtet und klar definiert werden. Dabei wird zuerst der „Wärme"- und anschließend der „Entropie"-Begriff behandelt.

Wärmeübertragung aus thermodynamischer Sicht

2

Im Zusammenhang mit ingenieurmäßigen Anwendungen wird oftmals davon gesprochen, dass „Wärme in ein System übertragen" und diese dort „anschließend gespeichert" wird. Solche Formulierungen sind aber aus thermodynamischer Sicht äußerst fragwürdig.

Wie schon in der Einleitung erwähnt, ist ein Wärmestrom eine Prozessgröße, beschreibt also die spezielle Form des Energietransfers über eine Systemgrenze, die korrekt als

„Energieübertragung in Form von Wärme"

bezeichnet werden sollte. Was in diesem Zusammenhang dann im System gespeichert werden kann ist nicht die Prozessgröße „Wärme", sondern die Zustandsgröße Energie, die entsprechend übertragen wurde.

Genau genommen geschieht mit einer „Übertragung von Wärme und anschließender Speicherung im System" also Folgendes: Energie wird in Form von Wärme über die Grenze eines Systems übertragen und dort in Form einer Erhöhung der inneren Energie des Systems gespeichert.

2.1 Ideale, verlustfreie Wärmeübertragungen (reversibel)

Um zu verstehen, was „verlustfrei" bedeutet, muss zunächst geklärt werden, was bei einer Wärmeübertragung verloren gehen kann. Dies soll später ausführlich erläutert werden (siehe dazu das nachfolgende Abschn. 2.4), im Moment aber nur mit der „Qualität der übertragenden Energie" benannt werden.

© Springer Fachmedien Wiesbaden GmbH, ein Teil von Springer Nature 2019
H. Herwig, *Wärme und Entropie,* essentials,
https://doi.org/10.1007/978-3-658-26970-8_2

Eine verlustfreie Übertragung von Energie in Form von Wärme, d. h. ohne Qualitätsverlust der übertragenen Energie, liegt dann vor, wenn es bei der Übertragung nicht zu einer Absenkung der Temperatur kommt. So etwas ist aber bisher leider noch nie beobachtet worden! Erfahrungsgemäß ist eine sog. „treibende Temperaturdifferenz" erforderlich, damit ein Wärmestrom (in Richtung der abnehmenden Temperatur) fließt.

Aber: Diese Temperaturdifferenz kann durchaus klein sein. Sie kann in der Tat durch gezielte Maßnahmen verringert werden, was dann zu entsprechend geringen Verlusten bei der Wärmeübertragung führt. Im Idealfall wird sie beliebig klein, was in der Thermodynamik als theoretischer Grenzfall einer sog. „reversiblen Wärmeübertragung" eingeführt wird, die dann verlustfrei verlaufen würde.

Diese (als theoretischer Grenzfall postulierte) Wärmeübertragung ist durch Gl. (1.1) vollständig beschrieben, soll hier aber noch einmal in infinitesimaler Form aufgenommen werden:

$$\delta \dot{Q}_W = T \mathrm{d} \dot{S}_Q \qquad (2.1)$$

Dabei ist $\delta \dot{Q}_W$ ein infinitesimaler Wärmestrom über ein Flächenelement $\mathrm{d}A$ der Systemgrenze (Index W), $\mathrm{d}\dot{S}_Q$ ist der infinitesimale Entropiestrom, der mit dieser Wärmeübertragung verbunden ist. Die unterschiedlichen Differentialzeichen δ und d werden zur Unterscheidung von Prozessgrößen ($\dot{Q}$) und Zustandsgrößen ($\dot{S}_Q$) eingeführt. Jeweils flächenbezogen mit $\dot{q}_W = \delta \dot{Q}_W / \mathrm{d}A$ und $\dot{s}_Q = \mathrm{d}\dot{S}_Q / \mathrm{d}A$ wird aus (2.1) jetzt

$$\dot{q}_W = T \dot{s}_Q \qquad (2.2)$$

In Worten bedeutet eine ideale (reversible) Wärmeübertragung: Verlustfreie Energieübertragung in Form von Wärme mit gleichzeitiger Übertragung von Entropie gemäß Gl. (1.1) bzw. (2.1).

2.2   Reale, verlustbehaftete Wärmeübertragungen (irreversibel)

Tatsächlich vorkommende (reale) Wärmeübertragungs-Situationen zeigen stets eine treibende Temperaturdifferenz $\Delta T \neq 0$. Ein Wärmestrom, der dabei in Richtung der abnehmenden Temperatur fließt, überträgt Energie in Form von Wärme so, dass ihre Qualität dabei abnimmt. Aus thermodynamischer Sicht ist dieser Aspekt der

Wärmeübertragung mit einer *Entropieproduktion* verbunden, die zu einer zweiten „Quelle der Entropieänderung" im Zusammenhang mit der (realen) Wärmeübertragung führt und ein unmittelbares Maß für die Verluste bei diesem Prozess darstellt.

Bei einer realen Wärmeübertragung kommt es also zu Entropieänderungen auf zwei verschiedenen Wegen:

1. Zu einer Übertragung von Entropie gemäß Gl. (1.1) bzw. (2.1).
2. Zu einer Produktion von Entropie, die später genauer beschrieben wird.

Offensichtlich spielt die Entropie bzw. ihre Veränderung in einem System, an dem es zu einer Wärmeübertragung kommt, aus thermodynamischer Sicht eine entscheidende Rolle. Deshalb wird anschließend zunächst diese Größe definiert und erläutert.

2.3   Entropie, Definition und Erläuterungen

Entropie ist eine zentrale Größe der Physik und speziell der Thermodynamik, die sich allerdings selbst bei naturwissenschaftlich und technisch interessierten Menschen nicht allzu großer Beliebtheit erfreut. Der wesentliche Grund dafür besteht in der Natur dieser Größe, die

- durch kein menschliches Sinnesorgan unmittelbar wahrnehmbar ist,
- nicht direkt gemessen werden kann,
- üblicherweise nicht bei der Beschreibung von Alltagsphänomenen vorkommt.

All dies beschreibt zunächst, was die Entropie *nicht* ist. Positiv ausgedrückt handelt es sich um

- eine thermodynamische Zustandsgröße wie Druck, Temperatur oder Dichte,
- eine Größe, die den inneren Aufbau und die Struktur eines Systems charakterisiert,
- eine Größe, die durch ihre Veränderung in Prozessen diese Prozesse charakterisiert.

Wenn der Zustand eines Systems durch bestimmte Prozesse verändert wird, so ändern sich in der Regel deren Zustandsgrößen, z. B. der Druck oder die Temperatur, aber ggf. auch seine Entropie. Diese Entropieänderungen sind entscheidend für die Beurteilung der Prozesse und die Art der damit verbundenen Zustandsänderungen. Wenn solche Entropieänderungen mit anschaulichen Größen verbunden werden können, entsteht eine ebenso anschauliche Interpretation der Entropie bzw. ihrer Veränderung bei Zustandsänderungen von Systemen. Dies wird anschließend erläutert, wenn sog. „Exergieverluste" im Zusammenhang mit der Energieentwertung auf die dabei auftretende Entropieproduktion zurückgeführt werden. Zuvor soll die Entropie aber als physikalische Größe durch ihre Definition eingeführt werden.

▶ **Definition: ENTROPIE S** Die Entropie S ist eine Zustandsgröße eines thermodynamischen Systems, die strukturelle Eigenschaften des Systems charakterisiert. Sie besitzt die Einheit J/K. Ihr Wert kann prinzipiell nur auf zwei Wegen verändert werden:

1. durch einen Transport über die Systemgrenze als Folge einer Wärmeübertragung und/oder eines konvektiven Transports (Entropieübertragung),
2. durch Erzeugung innerhalb des Systems (Entropieproduktion).

Erläuterung Es handelt sich um eine Zustandsgröße, für die kein Erhaltungsprinzip gilt, weil sie ggf. anwachsen, aber nicht vernichtet werden kann! Diese außergewöhnliche Eigenschaft hat im Laufe der Zeit viele sehr unterschiedliche Interpretationsversuche zur Folge gehabt. Sie reichen von der „Entropie als Informationsmaß" über „Entropie als Maß für die Unordnung innerhalb eines Systems" bis hin zum Szenarium eines „Wärmetodes der Welt".

Für den Bereich technischer Anwendungen empfiehlt es sich, die Entropie S zunächst in den Reigen der übrigen Zustandsgrößen (Druck, Temperatur, Energie,...) einzugliedern und in das mathematische Modell zur Beschreibung von Stoffen und den damit ausführbaren Prozessen einzubeziehen. In diesem Sinne wird die Entropie zu einer technisch relevanten Größe, ohne die eine Prozessbeschreibung und insbesondere auch eine Prozessbewertung nicht abschließend möglich ist. Diese Art, eine anschauliche Vorstellung bzgl. der Größe Entropie zu entwickeln, kann und soll „technischer Lernprozess" genannt werden.

Im Zuge dieses technischen Lernprozesses wird nach und nach die Aussagekraft deutlich, die mit der Entropie bei der Beschreibung technischer Prozesse verbunden ist. Nur mit einem solchen Lernprozess wird es gelingen, die Größe *Entropie* und ihre physikalische Bedeutung zu verstehen, s. dazu auch: Herwig (2011). Auch wenn immer wieder erwartet wird, dass es doch bitte eine kürzere Antwort auf die einfache Frage „Was ist Entropie?" geben möge: Es gibt sie nicht!

2.4 Entropieproduktion und Energiebewertung

Verluste bei der Wärmeübertragung können als „Qualitätsverlust" der übertragenen Energie bezeichnet werden. Um dies zu präzisieren, muss zunächst die Qualität verschiedener Energieformen definiert werden.

2.4.1 Energiebewertung, der Exergie-Begriff

Bei der Frage nach der „Qualität" verschiedener Energieformen spielt die innere Energie der Stoffe, die ein System bilden, eine besondere Rolle. Sie ist (für Systeme, die aus *einem* Stoff bestehen) makroskopisch durch die Temperatur und den Druck charakterisiert, die z. B. in einem Fluid als Teil eines thermodynamischen Systems herrschen. Um nun einen wie auch immer gearteten Prozess in Gang zu setzen, sind Druckunterschiede erforderlich, wenn es zu Fluidströmungen kommen soll und Temperaturunterschiede, wenn man möchte, dass ein Wärmestrom fließt.

Betrachtet man einen Ausschnitt aus der als homogen unterstellten Umgebung als thermodynamisches System, so besitzt dieses zwar innere Energie, es bestehen in dem System aber weder Druck- noch Temperaturunterschiede. Folglich können mit dieser inneren Energie keine Prozesse in Gang gesetzt werden. Das bedeutet: Innere Energie bei Umgebungsdruck und -temperatur ist „nutzlos". Erst wenn in einem System innere Energie bei Druck- und/oder Temperaturwerten vorliegt, die von den Umgebungswerten abweichen, besteht die Möglichkeit, mit dieser inneren Energie technische Prozesse in Gang zu setzen und dabei z. B. die innere Energie in eine andere Energieform umzuwandeln. Genau dieser Aspekt der *Umwandlungsmöglichkeit in eine andere Energieform* ist der Schlüssel zur Bewertung von Energie. Energie ist umso hochwertiger, je weniger Beschränkungen bzgl. ihrer Umwandlungsmöglichkeit in andere Energieformen bestehen. Daraus folgt unmittelbar, dass eine unbeschränkte Umwandlungsmöglichkeit eine Energieform zur „perfekten Energieform" werden lässt, der man einen eigenen Namen gibt: *Exergie*.

▶ **Definition:EXERGIE** Exergie ist diejenige Energie oder derjenige Energieteil, die bzw. der uneingeschränkt in jede andere Energieform umgewandelt werden kann.

Erläuterung Hiermit wird zunächst ein neuer Name für eine „perfekte Energieform" eingeführt. Die Bewertung aller Energieformen erfolgt dann so, dass jeweils angegeben wird, wie viel der betrachteten Energieform als Exergie angesehen werden kann. Der verbleibende Rest wird *Anergie* genannt. In diesem Sinne gilt uneingeschränkt für alle Energieformen:

Abb. 2.1 Exergie- und
Anergieteile verschiedener
Energieformen
EX: Exergie, AN: Anergie

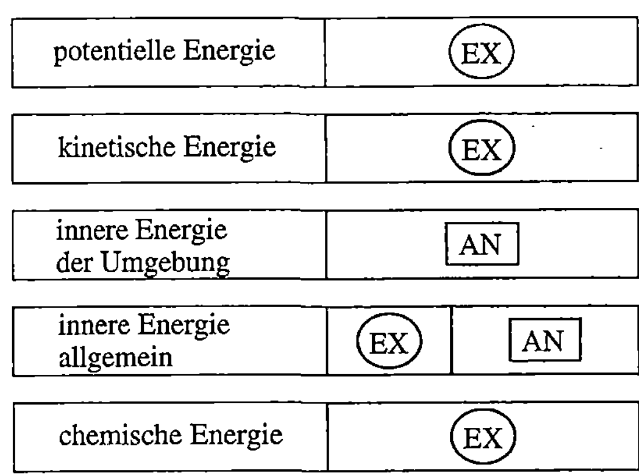

$$\text{Energie} = \text{Exergie} + \text{Anergie} \tag{2.3}$$

Mit der Exergie als dem wertvollen Teil der Energie (und der Anergie als dem „wertlosen Rest") gelingt es, Energieformen, aber auch die Formen des Energietransportes über eine Systemgrenze, qualitativ zu bewerten.

Abb. 2.1 zeigt die Sonderstellung der inneren Energie, die vollständig oder teilweise aus Anergie besteht, während alle anderen Energieformen reine Exergie darstellen. Damit wird deutlich, dass innere Energie prinzipiell nur beschränkt in beliebige, andere Energieformen umgewandelt werden kann, während alle anderen Energieformen diesbezüglich keinen prinzipiellen Beschränkungen unterliegen. Der Zustand „prinzipiell" ist hier wichtig, weil bei konkreten technischen (Umwandlungs-) Prozessen stets Verluste auftreten, die sich in sog. *Exergieverlusten* widerspiegeln.

Das Exergie/Anergie-Konzept wurde von Rant (1956) vorgeschlagen und hat sich als anschauliche Art der Interpretation von Verlusten bewährt. Vielfach wird es der thermodynamischen Darstellung mit der Entropieproduktion vorgezogen, die jetzt anschließend erläutert wird.

2.4.2   Exergieverlust durch Entropieproduktion

Verluste in thermodynamischen Prozessen, hier bei der Wärmeübertragung, sind stets *Exergieverluste*. Diese treten in realen Prozessen mehr oder weniger stark auf und sind eine unmittelbare Folge einer (irreversiblen) Entropieproduktion. Der allgemeine Zusammenhang lautet

$$\dot{E}_V^E = T_U \dot{S}_{irr,W} \tag{2.4}$$

mit $\dot{E}_V^E$ als dem zugehörigen Exergieverluststrom, $\dot{S}_{irr,W}$ als dem verursachenden Entropieproduktionsstrom und T_U als Umgebungstemperatur. Gleichung (2.4) ist in der Literatur unter dem Namen *Gouy-Stodola-Theorem* bekannt und folgt als solche aus dem Zweiten Hauptsatz der Thermodynamik. Jeweils auf ein Flächenelement dA der Übertragungsfläche bezogen, wird aus Gl. (2.4) mit $\dot{e}_V^E = d\dot{E}_V^E/dA$ und $\dot{s}_{irr,W} = d\dot{S}_{irr,W}/dA$

$$\dot{e}_V^E = T_U \dot{s}_{irr,W} \tag{2.5}$$

Vielfach wird der Entropieproduktionsstrom $\dot{S}_{irr}$ als zu abstrakte Größe angesehen, obwohl er physikalisch die eigentliche Ursache für Exergieverluste darstellt. Deshalb wird folgende Überlegung angestellt.

Unter der Annahme, dass zwei einheitliche Temperaturniveaus T_1 und T_2 bestehen, zwischen denen es zu einer Wärmeübertragung kommt, kann die Entropieproduktion auf die anschauliche Temperaturdifferenz $\Delta T = T_1 - T_2$ zurückgeführt und letztlich gedanklich durch diese ersetzt werden, wie folgendermaßen gezeigt werden kann.

Ein Wärmestrom $\dot{Q}_W$ besitzt einen Exergieteil

$$\dot{Q}_W^E = \eta_C \dot{Q}_W \quad \text{mit} \quad \eta_C = 1 - \frac{T_U}{T} \tag{2.6}$$

Dabei ist η_C der sog. *Carnot-Faktor*, gebildet mit der Umgebungstemperatur T_U und der aktuellen Temperatur T, beide als thermodynamische Temperaturen in Kelvin. Ein Exergieverlust bei der Wärmeübertragung zwischen den beiden Temperaturniveaus T_1 und T_2 und mit einem Wärmestrom $\dot{Q}_W$ äußert sich also in einer Absenkung des Carnot-Faktors η_C um

$$\Delta \eta_C = T_U \frac{\dot{S}_{irr,W}}{\dot{Q}_W} \tag{2.7}$$

und damit in dem Entropieproduktionsstrom

$$\dot{S}_{irr,W} = \dot{Q}_W \frac{T_1 - T_2}{T_1 T_2} \quad \text{bzw.} \quad \dot{s}_{irr,W} = \dot{q}_W \frac{T_1 - T_2}{T_1 T_2} \tag{2.8}$$

der jetzt durch $\Delta T = T_1 - T_2$ charakterisiert ist.

Grundsätzlich können Verluste bestimmt werden, wenn die entsprechende Entropieproduktion ermittelt werden kann. Bei Prozessen mit reinen Fluiden tritt Entropieproduktion im Strömungs- und im Temperaturfeld nur auf, wenn es aufgrund von Geschwindigkeits- oder Temperaturgradienten zu Transportprozessen kommt. Im Strömungsfeld handelt es sich dann um einen Impulstransport bei dem Exergieverluste durch Dissipation entstehen, gekennzeichnet durch $\dot{S}_{irr,D}$. Im Temperaturfeld kommt es zu Exergieverlusten aufgrund von irreversiblen Wärmeübergängen, wie zuvor beschrieben, gekennzeichnet durch $\dot{S}_{irr,W}$.

Anders als im zuvor beschriebenen Fall einer Wärmeübertragung zwischen zwei festen Temperaturen, bei dem nur $\dot{S}_{irr,W}$ betrachtet wurde, kann die Bestimmung der jeweiligen Entropieproduktionsraten sehr aufwendig sein, besonders wenn die Transportprozesse mit turbulenten Strömungen einhergehen. Eine genauere Analyse der dann vorliegenden Problematik erfolgt in Kap. 5.

Wärmeübertragung aus ingenieurwissenschaftlicher Sicht

3

Wie eingangs erwähnt, ignoriert die ingenieurwissenschaftliche Analyse von Wärmeübertragungsprozessen die Entropie vollständig. Sie erklärt stattdessen die Abnahme des Temperaturniveaus bei realen Wärmeübertragungen zur physikalischen Ursache im Sinne einer „treibenden Temperaturdifferenz ΔT". Damit wird für konkrete Anwendungen ein sog. *Wärmeübergangskoeffizient*

$$\alpha \equiv \frac{\dot{q}_W}{\Delta T} \tag{3.1}$$

eingeführt. Dieser besitzt die Einheit Watt pro Quadratmeter und Kelvin (W/m^{2}K) und ist zahlenmäßig äußerst weit „gefächert". Zum Beispiel liegen typische Werte für Wärmeübertragungen bei natürlicher Konvektion zwischen 1 und 10, während bei Wärmeübertragungen mit Phasenwechsel Werte zwischen 10^4 und 10^5 auftreten können.

In einer etwas systematischeren Vorgehensweise wird anstelle der dimensionsbehafteten Größe α die dimensionslose sog. *Nußelt-Zahl*

$$\text{Nu} = \alpha \frac{L}{\lambda} = \frac{\dot{q}_W L}{\lambda \Delta T} \tag{3.2}$$

eingeführt, die eine dimensionslose Kennzahl im Sinne der Dimensionsanalyse darstellt.

Wenn nun diese Vorgehensweise mit derjenigen der Thermodynamik (Kap. 2) verglichen werden soll, bietet es sich an, den Prozess der Wärmeübertragung aus dimensionsanalytischer Sicht zu analysieren, weil dabei der physikalische Hintergrund der alternativen Betrachtungsweisen (thermodynamisch versus ingenieurwissenschaftlich) besonders deutlich wird.

© Springer Fachmedien Wiesbaden GmbH, ein Teil von Springer Nature 2019
H. Herwig, *Wärme und Entropie*, essentials,
https://doi.org/10.1007/978-3-658-26970-8_3

Dimensionsanalyse von Wärmeübertragungsprozessen

Ein wesentliches Ziel der Dimensionsanalyse physikalischer Prozesse ist die Ermittlung dimensionsloser Kennzahlen, mit deren Hilfe ein allgemeingültiger mathematischer Zusammenhang für eine modellmäßige Beschreibung dieser Prozesse gefunden werden kann. Als Einführung in die Dimensionsanalyse von Strömungs- und Wärmeübertragungsprozessen sei das *essential Dimensionsanalyse von Strömungen/Der elegante Weg zu allgemeineren Lösungen* (Herwig 2017b) empfohlen.

Die Kennzahl-Ermittlung erfolgt prinzipiell in drei Schritten:

1. Aufstellen der sog. *Relevanzliste*. Dies ist eine Auflistung aller Größen einer technischen Fragestellung, die einen Einfluss auf eine zu bestimmende Zielgröße besitzen. Diese Zielgröße gehört ebenfalls zur Relevanzliste, die insgesamt n Elemente enthält.
2. Bestimmung der m vorkommenden sog. *Basisdimensionen* (LÄNGE, ZEIT, MASSE, ...) anhand der Einheiten der n relevanten Größen.
3. Ermittlung der $n - m$ dimensionslosen Kennzahlen der technischen Fragestellung durch eine $(n - m)$ – fache dimensionslose Kombination verschiedener Größen aus der Relevanzliste.

4.1 Reine Wärmeleitung, ingenieurwissenschaftlicher Ansatz

In Abb. 4.1 ist der Temperaturverlauf bei reiner Wärmeleitung in ein ruhendes Fluid mit der Wärmeleitfähigkeit λ skizziert. Die Relevanzliste auf der Basis einer ingenieurwissenschaftlichen Modellvorstellung dieses Prozesses lautet

© Springer Fachmedien Wiesbaden GmbH, ein Teil von Springer Nature 2019   13
H. Herwig, *Wärme und Entropie*, essentials,
https://doi.org/10.1007/978-3-658-26970-8_4

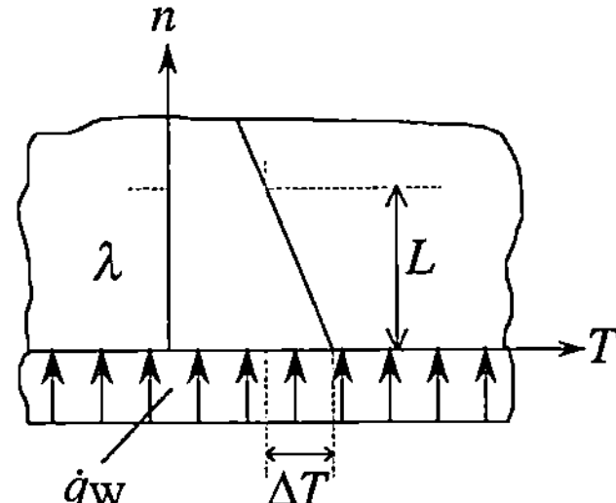

Abb. 4.1 Reine Wärmeleitung über eine Systemgrenze n: Koordinate senkrecht zur Wand, λ: Wärmeleitfähigkeit

$$\dot{q}w = \dot{q}w(\Delta T, L, \lambda) \tag{4.1}$$

Die $n = 4$ Elemente besitzen die $m = 4$ Basisdimensionen MASSE, LÄNGE, ZEIT, TEMPERATUR. Damit liegen $n - m = 0$ Kennzahlen vor! Gemeint ist damit, dass in dem so formulierten Problem keine Kennzahl vorliegt, die je nach Prozessführung verschiedene Werte annehmen könnte. Mit den vier Größen der Relevanzliste, s. Gl. (4.1), kann formal die bekannte Nußelt-Zahl, s. Gl. (3.2), gebildet werden. Diese besitzt hier einen festen Zahlenwert, der für eine Fouriersche Wärmeleitung mit

$$\dot{q}w = -\lambda \operatorname{grad} T = \lambda \Delta T / L \tag{4.2}$$

auf den festen Wert Nu $= 1$ führt.

4.2   Konvektive Wärmeübertragung, ingenieurwissenschaftlicher Ansatz

In Abb. 4.2 ist der Temperaturverlauf skizziert, der sich einstellt, wenn eine wandparallele Strömung vorliegt (konvektive Wärmeübertragung). Die Relevanzliste, wiederum für eine ingenieurwissenschaftliche Modellvorstellung lautet jetzt

$$\dot{q}w = \dot{q}w(\Delta T, L, \lambda, u_\infty, \nu, a) \tag{4.3}$$

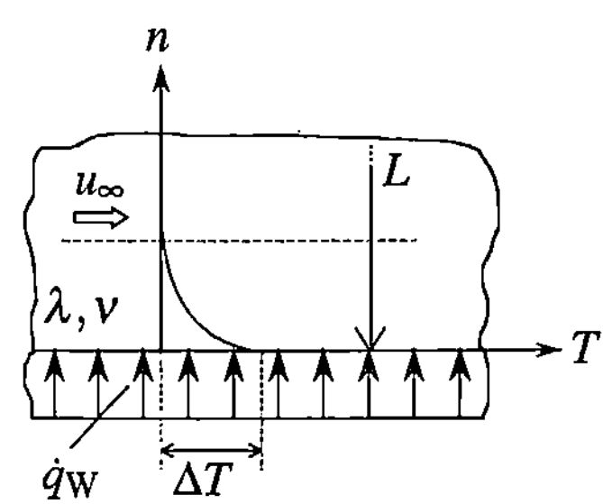

GRÖSSE	EINHEIT
$\dot{q}$w	kg/s³
ΔT	K
L	m
λ	kgm/s³K
u_∞	m/s
ν	m²/s
a	m²/s

Abb. 4.2 Konvektive Wärmeübertragung über eine Systemgrenze; L: charakteristische Geometrie-Länge, ν: kinematische Viskosität, a: Temperaturleitfähigkeit

Die jetzt $n = 7$ Elemente besitzen weiterhin $m = 4$ Basisdimensionen, so dass jetzt $n - m = 3$ dimensionslose Kennzahlen vorliegen, die je nach Prozessführung unterschiedliche Zahlenwerte annehmen können.

In der üblichen Formulierung sind dies die Nußelt-Zahl, s. Gl. (3.2) und die Reynolds-Zahl

$$\mathrm{Re} = \frac{u_\infty L}{\nu} \tag{4.4}$$

sowie die Prandtl-Zahl

$$\mathrm{Pr} = \frac{\nu}{a} \tag{4.5}$$

so dass gemäß dieser Modellvorstellung der allgemeine Zusammenhang Nu = Nu(Re, Pr) besteht, der für die jeweilige Wärmeübertragungs-Situation konkretisiert werden muss.

Hier stellt sich nun unmittelbar die Frage nach der physikalischen Bedeutung der Nußelt-Zahl, die aber selten, und wenn, dann nur relativ unklar im Sinne einer „Qualität der Wärmeübertragung" beantwortet werden kann, s. dazu auch Herwig (2016). Eine Erhöhung der Nußelt-Zahl durch bestimmte Maßnahmen wird dann als Verbesserung des Wärmeüberganges interpretiert. Es bleibt allerdings offen, ob dies auf eine Verringerung der Verluste zurückzuführen ist, weil diese nicht explizit bekannt sind.

4.3   Konvektive Wärmeübertragung, thermodynamische Sicht

In Kap. 2 war ausführlich beschrieben worden, dass mit einer Wärmeübertragung eine Veränderung der Entropie einhergeht, die aus zwei Anteilen besteht:

1. einer Entropieübertragung (pro Flächenelement): $\dot{s}_Q$ gemäß Gl. (2.2)
2. einer Entropieproduktion (pro Flächenelement): $\dot{s}_{irr,W}$ gemäß Gl. (2.5)

Verluste sind eindeutig identifizierbar, sie gehen ausschließlich auf $\dot{s}_{irr,W}$ zurück und können mit dieser Größe auch entsprechend quantifiziert werden. Damit besteht die Möglichkeit, neben der Nußelt-Zahl eine weitere Kennzahl einzuführen, die ein unmittelbares Maß für die Verluste bei der Wärmeübertragung darstellt. Die dimensionsanalytische Relevanzliste mit der „Zielgröße Entropieproduktion" lautet

$$\dot{s}_{irr,W} = \dot{s}_{irr,W}(\dot{q}_W, T_U, L, u_\infty, \nu, a) \tag{4.6}$$

Mit $n = 7$ Elementen und wiederum $m = 4$ Basisdimensionen entstehen 3 dimensionslose Kennzahlen, die je nach Prozessführung unterschiedliche Werte annehmen können. Neben der Reynolds-Zahl Re, s. Gl. (4.4), und der Prandtl-Zahl, s. Gl. (4.5), kann folgende Kennzahl gebildet werden:

$$N_W = \frac{T_U \dot{s}_{irr,W}}{\dot{q}_W} \tag{4.7}$$

Diese sog. *Energieentwertungszahl* wird anschließend (für allgemeine Energieübertragungsprozesse) näher erläutert.

4.3.1   Energieentwertungszahl und Entropisches Potential

Abb. 4.3 zeigt die „Wirkungskette" der Energieentwertung für einen allgemeinen Energieentwertungsprozess mit dem Energiestrom $\dot{E}$.

Die Entropieproduktion $\dot{S}_{irr}$ führt zu Exergieverlusten $\dot{E}_V^E$, die einer Energieentwertung entsprechen. Diese Energieentwertung kann mit der Energieentwertungszahl N_i quantifiziert werden, wobei der Index i den jeweiligen (Teil)Prozess beschreibt.

Der Exergieverlust $\dot{E}_V^E$ ist ein Maß für die Entwertung, die ein Energiestrom $\dot{E}$ während eines bestimmten Prozesses erfährt. Da der Absolutwert von $\dot{E}_V^E$ nicht

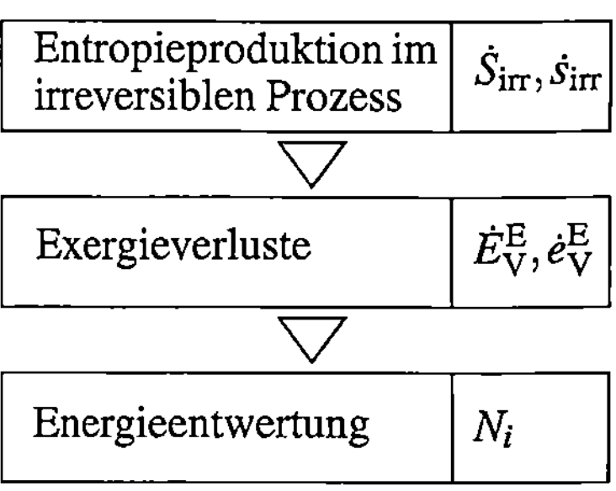

Abb. 4.3 Wirkungskette bei der Energieentwertung des Energiestroms $\dot{E}$

sehr anschaulich ist, sollte man ihn in Relation zu der „maximal möglichen Entwertung" des Energiestromes setzen. Diese maximal mögliche Entwertung liegt vor, wenn man vom *Ausgangszustand als Primärenergie* ausgeht und den Entwertungsprozess (in Gedanken) bis dahin verfolgt, wo der betrachtete Energiestrom *Teil der inneren Energie der Umgebung* geworden ist. Dies gilt allgemein: Ein Energiestrom beginnt stets in Form von Primärenergie (z. B. gewonnen aus Erdgas, Erdöl,…, somit als reine Exergie) und endet, unter Umständen nach sehr vielen Teilprozessen, als Teil der inneren Energie der Umgebung und somit als reine Anergie. Durch diesen vollständigen Entwertungsprozess wird die Umgebung gemäß Gl. (2.4) um den Entropiestrom $\dot{S}_{\mathrm{irr}} = \dot{E}_{\mathrm{V}}^{\mathrm{E}}/T_{\mathrm{U}} = \dot{E}/T_{\mathrm{U}}$ angereichert. Dieser Entropiestrom wird jetzt *Entropisches Potential* des Energiestromes $\dot{E}$ genannt und stellt die gesuchte Bezugsgröße dar. Für eine ausführliche Beschreibung dieses Konzeptes s. Wenterodt, Herwig (2014) oder Wenterodt et al. (2015).

▶ **Definition: ENTROPISCHES POTENTIAL** Das entropische Potential einer Energie E oder eines Energiestromes $\dot{E}$ stellt diejenige Entropie bzw. denjenigen Entropiestrom dar, die bzw. der in die Umgebung überführt wird, wenn infolge einer Prozesskette aus der ursprünglichen Primärenergie innere Energie der Umgebung geworden ist.

Abb. 4.4 zeigt den Teilprozess i als ein Element in der Kette von Prozessen, die von der Primärenergie (reine Exergie) zum Endzustand der Energie als Teil der inneren Energie der Umgebung führt (reine Anergie). Die allgemeine Definition der Energieentwertung in einem Teilprozess i lautet damit

$$N_i = \frac{T_{\mathrm{U}}\dot{S}_{\mathrm{irr},i}}{\dot{E}} = \frac{T_{\mathrm{U}}\dot{s}_{\mathrm{irr},i}}{\dot{e}} \qquad \mathrm{mit} \qquad 0 \leq N_i \leq 1 \qquad (4.8)$$

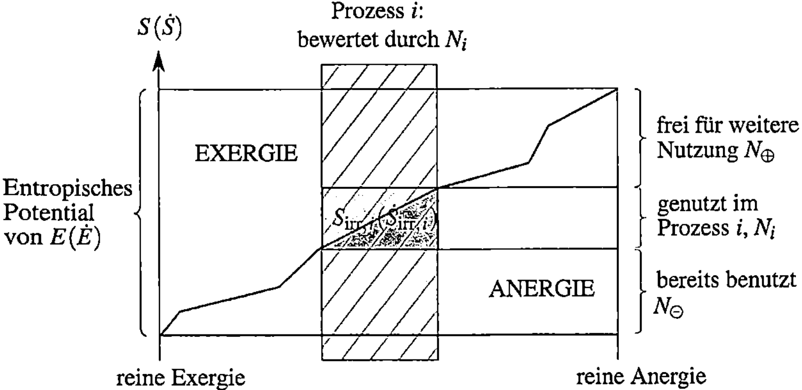

Abb. 4.4 Das entropische Potential und seine Nutzung auf dem Weg von der Primärenergie zum Endzustand als Teil der inneren Energie der Umgebung

und entspricht mit $\dot{e} = \dot{q}_W$ unmittelbar der zuvor eingeführten Kennzahl N_W in Gl. (4.7).

Diese Kennzahl N_i besitzt stets Werte zwischen 0 und 1 bzw. 0 % und 100 % im Sinne der Nutzung des entropischen Potentials. Die beiden Grenzwerte sind:

- $N_i = 0$ bzw. $N_i = 0\,\%$: reversibler Teilprozess i
- $N_i = 1$ bzw. $N_i = 100\,\%$: Teilprozess i, der die eingesetzte Primärenergie vollständig entwertet.

Wenn die gesamte Energieentwertung vor dem Teilprozess i mit mit $N_\ominus$ und diejenige, die danach verbleibt, mit $N_\oplus$ bezeichnet wird, so gilt

$$N_\ominus + N_i + N_\oplus = 1 \tag{4.9}$$

4.3.2　Thermodynamische Bewertung von Wärmeübertragungsprozessen

Aus thermodynamischer Sicht ist es nicht ausreichend, einen Wärmeübertragungsprozess ausschließlich durch die fast stets verwendete Nußelt-Zahl zu charakterisieren. Um den beiden Aspekten der „Quantität" und der „Qualität" einer Wärmeübertragung gerecht zu werden, sind zwei Kennzahlen erforderlich. In diesem Sinne kann die Nußelt-Zahl durch die zuvor eingeführte Energieentwertungszahl ergänzt werden. Die Bedeutung der beiden Kennzahlen kann dann wie folgt beschrieben werden:

- Nußelt-Zahl $Nu = \dfrac{\dot{q}_W L}{\lambda \Delta T}$

  Ein Maß für die Effektivität der Wärmeübertragung im folgenden Sinne: Welche Wärmestromdichte $\dot{q}_W$ kann mit einer bestimmten treibenden Temperaturdifferenz ΔT realisiert werden? Steigende Werte von Nu bedeuten dann einen Anstieg der Effektivität der Wärmeübertragung.

- Energieentwertungszahl $N_W = \dfrac{T_U \dot{s}_{irr,W}}{\dot{q}_W}$

  Ein Maß für den Exergieverlust im Übertragungsprozess im folgenden Sinne: Wie viel Prozent des entropischen Potentials der übertragenen Energie werden im konkreten Wärmeübertragungsprozess verbraucht? Steigende Werte von N_W bedeuten dann einen Anstieg der Verluste bei der Wärmeübertragung.

Da die Nußelt-Zahl weitgehend „etabliert" ist und häufig Anwendung findet, soll im folgenden zunächst die Energieentwertungszahl N_W näher betrachtet werden, bevor beide Kennzahlen in Anwendungsbeispielen zum Einsatz kommen.

Bestimmung der Energieentwertungszahl N_W 5

Das wesentliche Element der Energieentwertungszahl N_W bei einer Wärmeübertragung ist die Entropieproduktion im Temperaturfeld. Diese Entropieproduktion tritt überall dort auf, wo Temperatur*gradienten* herrschen und ist damit ein lokaler Vorgang. Wenn die Entropieproduktion in einem endlichen Volumen interessiert, ist deshalb eine Integration über die lokal vorhandenen Werte erforderlich.

Die lokale Entropieproduktionsrate (Symbol: $\dot{S}'''_{\mathrm{irr},W}$) lautet in kartesischen Koordinaten (s. Herwig, Wenterodt (2012) für eine Herleitung):

$$\dot{S}'''_{\mathrm{irr},W} = \frac{\lambda}{T^2}\left[\left(\frac{\partial T}{\partial x}\right)^2 + \left(\frac{\partial T}{\partial y}\right)^2 + \left(\frac{\partial T}{\partial z}\right)^2\right] \tag{5.1}$$

Eine direkte Auswertung dieser Beziehung und die anschließende Integration zur Bestimmung der Entropieproduktionsrate $\dot{S}_{\mathrm{irr},W}$ im Volumen V

$$\dot{S}_{\mathrm{irr},W} = \int \dot{S}'''_{\mathrm{irr},W}\, dV \tag{5.2}$$

ist nur möglich, wenn das Temperaturfeld $T(x, y, z)$ bekannt ist. Dies ist in der Regel der Fall, wenn numerische Lösungen eines Problems vorliegen, wird aber bei experimentellen Datenerhebungen nur in Ausnahmefällen gelten.

Für eine näherungsweise Bestimmung von $\dot{S}_{\mathrm{irr},W}$ kann aber eine Modellvorstellung entwickelt werden, die keine Detail-Kenntnis der Temperaturfelder erfordert, wie anschließend gezeigt wird.

© Springer Fachmedien Wiesbaden GmbH, ein Teil von Springer Nature 2019   21
H. Herwig, *Wärme und Entropie,* essentials,
https://doi.org/10.1007/978-3-658-26970-8_5

5.1   Approximation des Temperaturprofils

Abb. 5.1 zeigt die Wärmeübertragungzwischen zwei Massenströmen $\dot{m}_\mathrm{a}$ und $\dot{m}_\mathrm{b}$ über ein infinitesimales Flächenelement. Die tatsächliche Temperaturverteilung (1) weist Temperaturgradienten in beiden Fluiden und in der Wand auf. Mit Hilfe von Gl. (5.1) und (5.2) könnte daraus das Feld der lokalen Entropieproduktion bzw. nach dessen Integration die insgesamt auftretende Entropieproduktion ermittelt werden.

Um die Integration im Bereich der Fluide zu vermeiden, wird dort der Temperatur*verlauf* jeweils durch den einheitlichen Wert der kalorischen Mitteltemperatur ersetzt, s. (2) in Abb. 5.1. Diese ist definiert als

$$T_\mathrm{km} = \frac{1}{u_\mathrm{m}A} \iint T u \, dA \tag{5.3}$$

wobei A der durchströmte Querschnitt und u_m die querschnittsgemittelte axiale Geschwindigkeit sind.

Damit wird der gesamte Temperaturabfall in die Wand verlegt und es entsteht eine Situation, die bereits in Abschn. 2.4.2, dort mit Gl. (2.8), beschrieben worden ist. Aus dieser Gleichung folgt unmittelbar

$$d\dot{S}_\mathrm{irr,W} = \delta \dot{Q}_\mathrm{W} \frac{T_\mathrm{km,a} - T_\mathrm{km,b}}{T_\mathrm{km,a} T_\mathrm{km,b}} \tag{5.4}$$

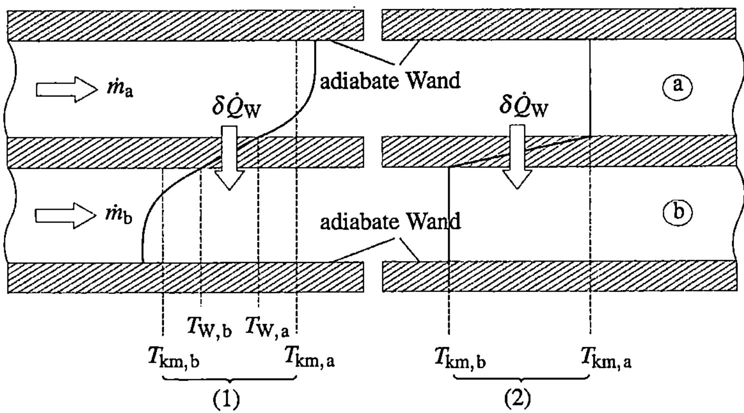

Abb. 5.1 Tatsächliche (1) und approximierte (2) Temperaturverteilung bei der Wärmeübertragung über ein infinitesimales Flächenelement zwischen zwei Fluidströmen

oder mit $\dot{q}_{\mathrm{W}} = \delta\dot{Q}_{\mathrm{W}}/\mathrm{d}A$; $\dot{s}_{\mathrm{irr,W}} = \mathrm{d}\dot{S}_{\mathrm{irr,W}}/\mathrm{d}A$ und $\Delta T_{\mathrm{km}} = T_{\mathrm{km,a}} - T_{\mathrm{km,b}}$:

$$\dot{s}_{\mathrm{irr,W}} = \dot{q}_{\mathrm{W}}\frac{\Delta T_{\mathrm{km}}}{T_{\mathrm{km,a}}T_{\mathrm{km,b}}} \tag{5.5}$$

Da $T_{\mathrm{km,a}}$ und $T_{\mathrm{km,b}}$ die absoluten Temperaturen in Kelvin sind, gilt in der Regel $\Delta T_{\mathrm{km}} \ll T_{\mathrm{km,a}}$ bzw. $T_{\mathrm{km,a}} \approx T_{\mathrm{m,b}}$, so dass Gl. (5.5) weiter approximiert werden kann und endgültig gilt

$$\dot{s}_{\mathrm{irr,W}} \approx \dot{q}_{\mathrm{W}}\frac{\Delta T_{\mathrm{km}}}{T^2_{\mathrm{km,a}}} \tag{5.6}$$

Auch wenn es hier nur um die Entropie*produktion* geht, aus der die Energieentwertungszahl folgt, soll an dieser Stelle noch einmal deutlich aufgezeigt werden, welche Entropie*änderungen* mit einer Wärmeübertragung insgesamt verbunden sind.

Im Rahmen der soeben vorgestellten Modellvorstellung und zusammen mit Gl. (2.2) gilt:

Bei einer Wärmeübertragung mit der Wärmestromdichte $\dot{q}_{\mathrm{W}}$ kommt es zu einer Veränderung der Entropie mit der Rate

$$\dot{s} = \dot{s}_{\mathrm{Q}} + \dot{s}_{\mathrm{irr,W}} \tag{5.7}$$

wobei gilt:

$$\dot{s}_{\mathrm{Q}} = \dot{q}_{\mathrm{W}}\frac{1}{T_{\mathrm{km}}} \qquad \text{(Übertragung)} \tag{5.8}$$

$$\dot{s}_{\mathrm{irr,W}} = \dot{q}_{\mathrm{W}}\frac{\Delta T_{\mathrm{km}}}{T^2_{\mathrm{km}}} \qquad \text{(Produktion)} \tag{5.9}$$

Um die Verluste bei der Wärmeübertragung zu quantifizieren wird $\dot{s}_{\mathrm{irr,W}}$ herangezogen.

Beispiel 1: Wärmeübertragung in Kreisprozessen

In Wärmekraftanlagen, die der Stromerzeugung dienen, werden aus thermodynamischer Sicht „Kreisprozesse" realisiert. Dabei soll Energie, die in Form von Wärme auf einem hohen Temperaturniveau an ein umlaufendes Arbeitsfluid übertragen wird, so gut wie möglich durch eine Turbine in Form von Arbeit, und damit nach einem Generator, in Form von elektrischer Energie genutzt werden. Die grundsätzliche Beschränkung dieses Prozesses ist durch den Exergieteil im zugeführten Wärmestrom gegeben, da nur dieser prinzipiell an der Turbine in Form von Arbeit (also reiner Exergie) genutzt werden kann.

Der Exergieteil der in Form von Wärme zugeführten Energie ist gemäß Gl. (2.6) $\dot{Q}^E = \eta_C \dot{Q}$ mit dem Carnot-Faktor $\eta_C = 1 - T_U/T$, gebildet mit der Umgebungstemperatur T_U und der aktuellen Temperatur T an der Übertragungsoberfläche.

Als ein wichtiger Teilaspekt des gesamten Kreisprozesses soll hier exemplarisch eine Wärmeübertragung auf einem typischen Temperaturniveau bzgl. ihrer „Qualität" betrachtet werden. Ein solcher Wärmeübertragungs-Teilprozess sei durch die Nußelt-Zahl Nu $= 100$ beschrieben, die gemäß Gl. (3.2) einen Zusammenhang zwischen der Wandwärmestromdichte $\dot{q}_W$, einer charakteristischen Länge L, der Wärmeleitfähigkeit λ des Arbeitsfluides und der treibenden Temperaturdifferenz ΔT darstellt. In dieser Nußelt-Zahl tritt das für den Gesamtprozess wichtige Temperaturniveau selbst nicht auf. Dies suggeriert, dass zwei verschiedene Fälle mit demselben Wert für die Nußelt-Zahl aber auf unterschiedlichem Temperaturniveau bzgl. der Wärmeübertragung gleichwertig sind. Dies soll am Beispiel von zwei unterschiedlichen Wärmekraftprozessen näher untersucht werden.

Der erste Prozess ist ein *klassischer Dampfkraftprozess* mit Wasser als Arbeitsfluid und dem oberen Temperaturniveau des Kreisprozesses von $T_{ob} = 800\,K$.

Der zweite Prozess ist ein *organischer Rankine Prozess* (ORC-Prozess) z. B. mit Ammoniak als Arbeitsmittel und dem oberen Temperaturniveau von $T_{ob} = 400\,K$.

In beiden Fällen soll der Wärmeübertragungs-Teilprozess mit Nu $= 100$ durch dieselbe Wärmestromdichte $\dot{q}_W = 1000\,W/m^2$ und dieselbe charakteristische Abmessung $L = 0,1\,m$ zustande kommen. Aufgrund der unterschiedlichen Wärmeleitfähigkeiten von Wasser und Ammoniak ergibt sich in diesem Fall eine um den Faktor 2,6 größere treibende Temperaturdifferenz ΔT für den ORC-Prozess im Vergleich zum Dampfkraftprozess mit Wasser.

Mit unterschiedlichen Werten von T und ΔT sind die Entropieänderungen (5.8) und (5.9) und damit auch die Energieentwertungszahl für beide Fälle verschieden, siehe Tab. 5.1.

Während im Dampfkraftprozess nur $0,47\,\%$ des entropischen Potentials der übertragenen Energie verbraucht wird, sind es im ORC-Prozess bereits nahezu $5\,\%$. Als entscheidender Einfluss kann das Temperaturniveau der Energieübertragung identifiziert werden, das in der Nußelt-Zahl aber gar nicht vorkommt.

Tab. 5.1 Wärmeübertragung mit Nu $= 100$ in zwei unterschiedlichen Kreisprozessen (1) Dampfkraftprozess (Wasser) (2) ORC-Prozess (Ammoniak)

	$\dot{q}_W$ W/m^2	L m	λ W/mK	ΔT K	T_U K	T_{ob} K	$\dot{s}_Q$ W/m^{2}K	$\dot{s}_{irr,W}$ W/m^{2}K	N_W -
(1)	10^3	0,1	0,1	10	300	800	1,25	0,016	0,0047
(2)	10^3	0,1	0,038	26	300	400	2,5	0,163	0,049

5.2 Auswertung des vollständigen Temperaturprofils

Mit Gl. (5.1) ist die Bestimmung der lokalen Entropieproduktionsrate möglich, wenn

- eine laminare Strömung vorliegt,
- eine turbulente Strömung vorliegt und diese mit Hilfe der sog. „Direkten Numerischen Simulation" (DNS) berechnet wird.

Eine DNS-Berechnung berücksichtigt die räumlichen und zeitlichen Schwankungen des Temperaturprofils durch die Lösung von dreidimensionalen und instationären Differentialgleichungen für das Strömungs- und Temperaturfeld einer konvektiven Wärmeübertragung. Beispiele dafür findet man z. B. in Herwig (2011). Eine solche detaillierte Berechnung ist aber mit einem extremen Aufwand verbunden und bleibt deshalb (auch in der überschaubaren Zukunft) auf wenige Ausnahmefälle beschränkt.

Für technische Anwendungen führt man zunächst eine Zeitmittlung der zugrunde liegenden Differentialgleichungen (Navier-Stokes-Gleichungen, s. z. B. Herwig, Schmandt (2018)) durch, um anschließend „nur noch" die zeitgemittelten Größen zu bestimmen. Dieser Ansatz ist unter dem Akronym RANS (Reynolds Averaged Navier – Stokes) bekannt.

Bezüglich des Temperaturprofils gilt mit dem zeitgemittelten Wert $\overline{T}$ eine (unmittelbar auswertbare) Beziehung analog zu Gl. (5.1) jetzt für die zeitgemittelte lokale Entropieproduktionsrate

$$\left(\overline{\dot{S}'''_{irr}}\right) = \frac{\lambda}{\overline{T}^2}\left[\left(\frac{\partial \overline{T}}{\partial x}\right)^2 + \left(\frac{\partial \overline{T}}{\partial y}\right)^2 + \left(\frac{\partial \overline{T}}{\partial z}\right)^2\right] \tag{5.10}$$

Aber: Im Zuge der Zeitmittlung entsteht dann ein zweiter Beitrag im turbulenten Temperaturfeld

$$(\dot{S}_{irr}''')' = \frac{\lambda}{\overline{T}^2}\left[\left(\frac{\partial T'}{\partial x}\right)^2 + \left(\frac{\partial T'}{\partial y}\right)^2 + \left(\frac{\partial T'}{\partial z}\right)^2\right] \tag{5.11}$$

der auch im Rahmen einer numerischen Lösung nicht unmittelbar bestimmbar ist, sondern modelliert werden muss. Dieser berücksichtigt die zeitlichen Schwankungen der Temperatur, T', bzw. ihre räumlichen Ableitungen $\partial T'/\partial x$, ... Für Details s. dazu z. B. Herwig, Redecker (2015).

Vollständige Bewertung konvektiver Wärmeübertragungen

6

Eine konvektive Wärmeübertragung unterliegt Verlusten, die sich im Temperaturfeld in Form der bisher ausschließlich behandelten Entropieproduktion $\dot{S}_{\text{irr,W}}$ gemäß Gl. (5.2) äußern. Es entstehen aber auch Verluste im zugehörigen Strömungsfeld.

Diese Verluste sind eine unmittelbare Folge der Dissipation mechanischer Energie, d. h. die teilweise oder vollständige Umwandlung von Exergie in Anergie, wenn kinetische Energie im Strömungsfeld durch den Dissipationsprozess in innere Energie der Umgebung überführt wird, s. dazu Abb. 2.1 für die Exergie- und Anergieteile verschiedener Energieformen.

6.1 Verluste im Strömungsfeld

In der Strömungsmechanik ist es üblich, Verluste bei der Umströmung von Objekten (z. B. einem Tragflügel) durch einen „Widerstandsbeiwert"

$$C_{\text{D}} = \frac{2F_{\text{D}}}{\rho u_\infty^2 A} \tag{6.1}$$

anzugeben. Dabei ist F_{D} eine Widerstandskraft, ρ die Fluiddichte, u_∞ die Anströmungsgeschwindigkeit und A eine charakteristische Objektquerschnittsfläche.

Bei Durchströmungen (z. B. der Strömung durch einen Rohrkrümmer) wird in der Regel eine Widerstandszahl

$$K = \frac{2\Delta p}{\rho u_{\text{m}}^2} \tag{6.2}$$

© Springer Fachmedien Wiesbaden GmbH, ein Teil von Springer Nature 2019 27
H. Herwig, *Wärme und Entropie,* essentials,
https://doi.org/10.1007/978-3-658-26970-8_6

eingeführt, in der Δp der Druckverlust (genauer: Gesamtdruckverlust) ist, ρ wiederum die Dichte und u_m die querschnittsgemittelte Strömungsgeschwindigkeit.

6.1.1   Dissipationsverluste im Strömungsfeld

Beide Größen, C_D und K, beschreiben mit dem Dissipationsprozess letztlich die Entropieproduktion, die in diesem Zusammenhang auftritt. Deshalb ist eine alternative Definition beider Kennwerte möglich, die unmittelbar auf die Entropieproduktion im Strömungsfeld abhebt. Diese ist

$$\dot{S}_{\mathrm{irr,D}} = \int\limits_V \dot{S}'''_{\mathrm{irr,D}}\,\mathrm{d}V \tag{6.3}$$

mit

$$\dot{S}'''_{\mathrm{irr,D}} = \frac{\eta}{T}\left(2\left[\left(\frac{\partial u}{\partial x}\right)^2 + \left(\frac{\partial v}{\partial y}\right)^2 + \left(\frac{\partial w}{\partial z}\right)^2\right]\right.$$
$$\left. + \left(\frac{\partial u}{\partial y} + \frac{\partial v}{\partial x}\right)^2 + \left(\frac{\partial u}{\partial z} + \frac{\partial w}{\partial x}\right)^2 + \left(\frac{\partial v}{\partial z} + \frac{\partial w}{\partial y}\right)^2\right) \tag{6.4}$$

Für Details sei auf Herwig, Schmandt (2013) verwiesen, wo insbesondere auch die Vorgehensweise bei turbulenten Strömungen beschrieben wird (analog zu Gl. (5.10), (5.11) im Temperaturfeld).

Die alternativen Definitionen lauten

$$\tilde{C}_\mathrm{D} = \frac{2T}{\rho u_\infty^3 A}\dot{S}_{\mathrm{irr,D}} \tag{6.5}$$

und

$$\tilde{K} = \frac{2T}{\rho u_\mathrm{m}^3 A}\dot{S}_{\mathrm{irr,D}} \tag{6.6}$$

Sie sind nicht nur untereinander gleichförmig (beide enthalten die Entropieproduktion im jeweiligen Strömungsfeld), sondern auch vergleichbar zur Energieentwertungszahl N_W gemäß Gl. (4.7), mit der die Verluste im Temperaturfeld quantifiziert werden können. Auch diese erhält als entscheidende Größe die Entropieproduktion.

Werden die Größen in Gl. (4.7) nicht mehr auf die Übertragungsfläche bezogen ($\dot{S}_{\text{irr},\text{W}}$ und $\dot{Q}_{\text{W}}$ anstelle von $\dot{s}_{\text{irr},\text{W}}$ und $\dot{q}_{\text{W}}$), so gilt für die Wärmeübertragungsverluste in einem endlichen Volumen

$$N_{\text{W}} = \frac{T_{\text{U}}}{\dot{Q}_{\text{W}}}\,\dot{S}_{\text{irr},\text{W}} \tag{6.7}$$

Der ähnliche Aufbau der Kennwerte (6.5)–(6.7) lässt erkennen, dass damit eine gemeinsame Bewertung der Verluste im Strömungs- und Temperaturfeld möglich wird.

6.1.2 Exergieverluste im Strömungsfeld

Es sollte mit den bisherigen Ausführungen deutlich geworden sein, dass die physikalisch entscheidende Größe im Zusammenhang mit Verlusten der Exergieverlust bei der Energieübertragung ist. Aber: Gl. (6.5) und (6.6) für die alternativen Kennwerte $\tilde{C}_{\text{D}}$ und $\tilde{K}$ beschreiben nur für $T = T_{\text{U}}$, d. h. bei einer Strömung auf dem Temperaturniveau der Umgebung, auch den Exergieverlust (beachte: Gl. (6.7) für N_{W} ist mit T_{U} definiert und deshalb „per se" eine Aussage zum Exergieverlust).

Was oft übersehen wird: Mit den Kennwerten C_{D} oder $\tilde{C}_{\text{D}}$ und K oder $\tilde{K}$ wird zwar stets die Dissipationsrate quantifiziert, diese entspricht aber nur für $T = T_{\text{U}}$ auch der Exergieverlustrate! Wenn also eine Strömung nicht auf dem Umgebungstemperaturniveau vorliegt, wie z. B. bei sehr hohen Temperaturen im Kreisprozess einer Dampfkraftanlage, ist eine andere Kennzahl erforderlich.

Deshalb wird jetzt anstelle von $\tilde{C}_{\text{D}}$ und $\tilde{K}$ für die generelle Verwendung eine *Exergieverlustzahl* eingeführt, und zwar

$$\tilde{C}_{\text{D}}^{\text{E}} = \frac{T_{\text{U}}}{T}\tilde{C}_{\text{D}} = \frac{2T_{\text{U}}}{\rho u_{\infty}^3 A}\,\dot{S}_{\text{irr},\text{D}} \tag{6.8}$$

und

$$\tilde{K}^{\text{E}} = \frac{T_{\text{U}}}{T}\tilde{K} = \frac{2T_{\text{U}}}{\rho u_{\text{m}}^3 A}\,\dot{S}_{\text{irr},\text{D}} \tag{6.9}$$

Folgendes ist besonders zu beachten:

- Es gilt $\tilde{C}_{\mathrm{D}}^{\mathrm{E}} = \tilde{C}_{\mathrm{D}}$ und $\tilde{K}^{\mathrm{E}} = \tilde{K}$ für $T = T_{\mathrm{U}}$
- $\tilde{C}_{\mathrm{D}}^{\mathrm{E}}$ und $\tilde{K}^{\mathrm{E}}$ sind keine Energieentwertungszahlen im Sinne von Gl. (4.8) für N_i, weil die Bezugsgröße nicht einer übertragenen Energie(-rate) entspricht, deren Entwertung quantifiziert wird, sondern im Wesentlichen die spezifische kinetische Energie darstellt, die im betrachteten Strömungsprozess vorhanden ist. Dies muss beachtet werden, wenn die Aussagen aus $\tilde{C}_{\mathrm{D}}^{\mathrm{E}}$ oder $\tilde{K}^{\mathrm{E}}$ mit N_i nach Gl. (4.8) zu einer „Gesamtaussage" zusammengefasst werden soll, wie dies im jetzt anschließenden Kapitel geschieht.

6.2   Verluste im Strömungs- und Temperaturfeld

Es gibt viele Mittel und Wege, auf denen versucht wird, den konvektiven Wärmeübergang in speziellen Anwendungssituationen „zu verbessern". Dazu gehören z. B. eine Erhöhung der Strömungsgeschwindigkeit (und damit auch der Reynolds-Zahl), der Einbau von Turbulenzpromotoren oder eine Erhöhung der Wandrauheit speziell bei Durchströmungen.

Allen diesen Maßnahmen ist gemeinsam, dass damit in der Regel die Nußelt-Zahl Nu ansteigt, was als „Verbesserung des Wärmeübergangs" gewertet wird. Gleichzeitig steigt aber auch der Widerstandsbeiwert C_{D} bzw. die Widerstandszahl K an, was erhöhte Verluste im Strömungsfeld bedeutet. Die Frage lautet dann z. B.: Wie ist eine Maßnahme zu bewerten, bei der die Nußelt-Zahl um 30 % und die zugehöre Widerstandszahl um 150 % ansteigen?

Ein häufig verwendetes Kriterium für eine solche gemeinsame Bewertung ist der sog. *Thermohydraulische Leistungsparameter*, s. Gee, Webb (1980)

$$\hat{\eta} = \left(\frac{\mathrm{St}}{\mathrm{St}_0}\right)\left(\frac{K}{K_0}\right)^{-1/3} \tag{6.10}$$

mit der Stanton-Zahl ($\mathrm{Pr} = \eta c_{\mathrm{p}}/\lambda$; Prandtl-Zahl)

$$\mathrm{St} = \mathrm{Nu}(\mathrm{RePr})^{-1} \tag{6.11}$$

Dabei sind St_0 und K_0 die Kennzahlen in der Ausgangssituation (Index 0; ohne Zusatzmaßnahmen), die mit den veränderten Werten St und K verglichen werden.

Es zeigt sich aber immer wieder, dass Zahlenwerte $\hat{\eta} \neq 1$ kaum zu interpretieren sind, weil eine klare physikalische Bedeutung von $\hat{\eta}$ fehlt.

Eine gemeinsame Bewertung der Verluste im Strömungs- und Temperaturfeld wird aber mit Hilfe der dort jeweils auftretenden Entropieproduktion möglich und eindeutig interpretierbar: In Situationen, bei denen ein Exergieverlust so gering wie möglich sein sollte, ist eine Maßnahme positiv zu bewerten, bei der ein geringerer Exergieverlust auftritt als in der Ausgangssituation.

Da der Exergieverlust gemäß Gl. (2.4) unmittelbar mit der Entropieproduktion verbunden ist, wird folgende Kennzahl gebildet, die *Gesamt-Exergieverlustzahl*

$$N^{\mathrm{E}} = \frac{T_{\mathrm{U}}(\dot{S}_{\mathrm{irr,D}} + \dot{S}_{\mathrm{irr,W}})}{\dot{Q}_{\mathrm{W}}^{\mathrm{E}}} \tag{6.12}$$

genannt wird. Die Bezugsgröße $\dot{Q}_{\mathrm{W}}^{\mathrm{E}}$ ist der Exergiestrom, der mit dem Wärmestrom $\dot{Q}_{\mathrm{W}}$ übertragen wird. Damit sagt N^{E} aus, wie viel Exergie bei der konvektiven Wärmeübertragung durch Dissipation und Wärmeleitung zusammen vernichtet wird. Als Kriterium für eine bestimmte Maßnahme gilt daher der Vergleich von N^{E} und N_0^{E}, wobei N_0^{E} die Exergieverluste in der Ausgangssituation erfasst. Eine Maßnahme wird damit positiv bewertet, wenn $N^{\mathrm{E}} < N_0^{\mathrm{E}}$ gilt. Durch eine solche Maßnahme ist die insgesamt auftretende Entropieproduktionsrate $(\dot{S}_{\mathrm{irr,D}} + \dot{S}_{\mathrm{irr,W}})$ und damit auch der Exergieverluststrom reduziert worden.

Dies kann unmittelbar in einen *thermodynamischen Leistungsparameter* „übersetzt" werden:

$$\tilde{\eta} = \frac{(\dot{S}_{\mathrm{irr,D}} + \dot{S}_{\mathrm{irr,W}})_0}{(\dot{S}_{\mathrm{irr,D}} + \dot{S}_{\mathrm{irr,W}})} \tag{6.13}$$

Dieser vergleicht die Gesamt-Entropieproduktion vor und nach einer bestimmten Maßnahme miteinander. Die Definition von $\tilde{\eta}$ ist so gewählt, dass gilt:

- $\tilde{\eta} > 1$: positiver Effekt
- $\tilde{\eta} < 1$: negativer Effekt

Im Gegensatz zu $\hat{\eta}$ gemäß Gl. (6.10) liegt jetzt ein klar definiertes und interpretierbares physikalisches Konzept zugrunde: Die insgesamt auftretende Entropieproduktion als Maß für die Gesamt-Exergieverluste.

Beispiel 2: Entropieproduktion bei konvektiver Wärmeübertragung

Für eine ausgebildete Rohrströmung zeigt Abb. 6.1 die beiden Anteile der Entropieproduktion, hier in Form der Entropieproduktionsraten pro Lauflänge $\dot{S}'_{\text{irr},D} = \mathrm{d}\dot{S}_{\text{irr},D}/\mathrm{d}x$ und $\dot{S}'_{\text{irr},W} = \mathrm{d}\dot{S}_{\text{irr},W}/\mathrm{d}x$ als Funktion der Reynolds-Zahl (für Details der Bestimmung von $\dot{S}'_{\text{irr},D}$ und $\dot{S}'_{\text{irr},W}$ s. Herwig (2011)).

Für steigende Reynolds-Zahlen (z. B. durch eine Erhöhung der Strömungsgeschwindigkeit) ist der gegenläufige Trend im Strömungs- und Temperaturfeld klar erkennbar:

- Anstieg der Entropieproduktion im Strömungsfeld ($\dot{S}'_{\text{irr},D}$)
- Abfall der Entropieproduktion im Temperaturfeld ($\dot{S}'_{\text{irr},W}$)

Die Gesamt-Entropieproduktionsrate pro Lauflänge, $\dot{S}'_{\text{irr}} = \dot{S}'_{\text{irr},D} + \dot{S}'_{\text{irr},W}$, besitzt ein klar erkennbares Minimum bei der „optimalen Reynolds-Zahl", hier im Beispiel etwa bei Re $= 16300$.

Beispiel 3: Einfluss von Wandrauheiten

Eine erfolgversprechende Maßnahme zur „Verbesserung" des konvektiven Wärmeüberganges bei einer Rohrströmung ist der Einsatz von Wandrauheiten im Rohr. Es kann erwartet werden, dass die Nußelt-Zahl (bzw. die Stanton-Zahl gemäß Gl. (6.11)) mit steigender Wandrauheit anwächst. Gleichzeitig wird aber

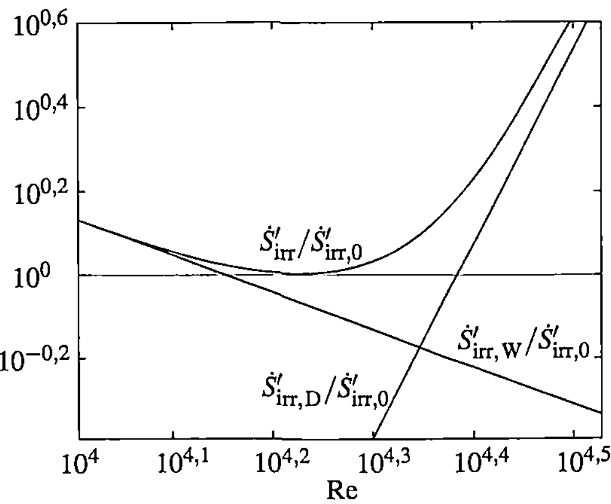

Abb. 6.1 Entropieproduktionsraten pro Lauflänge für eine ausgebildete Rohrströmung bei verschiedenen Reynolds-Zahlen Bezugsgröße: minimaler Wert von $\dot{S}'_{\text{irr}} \rightarrow \dot{S}'_{\text{irr},0}$

auch die Widerstandszahl K, s. Gl. (6.2), stark anwachsen, so dass eine „Gesamtbetrachtung" erforderlich ist.

Abb. 6.2 zeigt, wie bereits eine moderate Wandrauheit mit einer Rauheitshöhe bis $K_S = 0{,}5\,\%$ (Rauheitshöhen von $0{,}5\,\%$ des Rohrdurchmessers) den thermodynamischen Leistungsparameter $\tilde{\eta}$, s. Gl. (6.13), deutlich anwachsen lässt. Dies ist ein klarer und nachvollziehbarer Trend. Im Gegensatz dazu zeigt der thermohydraulische Leistungsparameter $\hat{\eta}$, s. Gl. (6.10), ein physikalisch nicht nachvollziehbares Verhalten.

Der Verlauf von $\tilde{\eta}$ zeigt, dass mit zunehmender Wandrauheit die Gesamt-Exergieverluste abnehmen. Dieser Trend setzt sich auch bei hohen Werten für die Wandrauheit K_S fort, wie der ausführlichen Behandlung dieses Problems in Herwig (2011) entnommen werden kann.

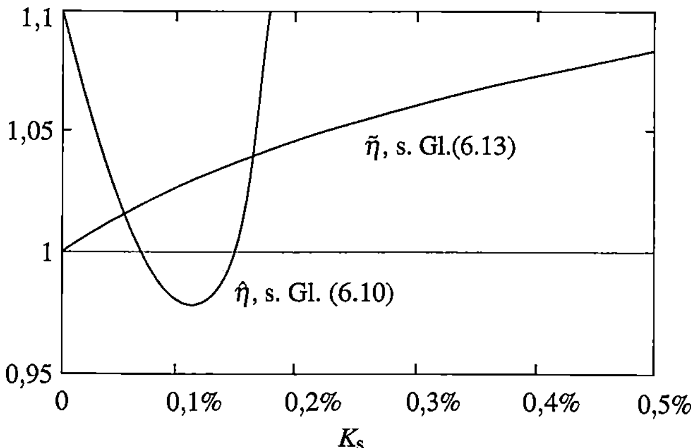

Abb. 6.2 Thermohydraulischer Parameter $\hat{\eta}$ und thermodynamischer Leistungsparameter $\tilde{\eta}$ zur Bewertung des Einflusses von Wandrauheiten bei einer ausgebildeten Rohrströmung

Entropiebasierte Prozessbewertung: Überblick

In den vorherigen Ausführungen sind mehrere Konzepte und Kennzahlen eingeführt worden, die auf unterschiedliche Weise die mit der Entropie verbundene Information bei der Wärmeübertragung beinhalten. Im Sinne eines Überblicks werden die wichtigsten Größen noch einmal aufgeführt und kurz eingeordnet.

- **Entropisches Potential einer Energie (Kap. 4.3.1)**
  Es handelt sich um die Entropie, die an die Umgebung abgegeben wird (bzw. um die sich der Entropiewert der Umgebung erhöht), wenn die betrachtete Energie eine Prozesskette durchläuft, bei der sie als Primärenergie (reine Exergie) beginnt und als Teil der inneren Energie der Umgebung endet (reine Anergie). Dieses entropische Potential dient als Bezugsgröße bei der Bewertung von Teilprozessen aus der gesamten Prozesskette.
- **Energieentwertungszahl N_i (Gl. (4.8))**
  Diese Kennzahl gibt an, wie viel des entropischen Potentials einer Energie in einem Teilprozess i (z. B. einer Wärmeübertragung) verbraucht wird. Die Zahlenwerte liegen zwischen 0 und 1.
- **Alternativer Widerstandsbeiwert $\tilde{C}_D$ (Gl. (6.5))**
  Dieser Beiwert gibt an, welche Entropieproduktion durch Dissipation im Strömungsfeld bei der Umströmung von Objekten auftritt.
- **Alternative Widerstandszahl $\tilde{K}$ (Gl. (6.6))**
  Dieser Beiwert gibt an, welche Entropieproduktion durch Dissipation im Strömungsfeld bei der Durchströmung von Rohren und Kanälen auftritt.
- **Exergieverlustzahl $\tilde{C}_D^E$ (Gl. (6.8))**
  Dieser Beiwert berücksichtigt, dass nur auf dem Temperaturniveau der Umgebung, T_U, die Entropieproduktion unmittelbar dem Exergieverlust entspricht.

© Springer Fachmedien Wiesbaden GmbH, ein Teil von Springer Nature 2019   35
H. Herwig, *Wärme und Entropie*, essentials,
https://doi.org/10.1007/978-3-658-26970-8_7

Auf einem anderen Temperaturniveau wird der Exergieverlust nur mit dieser Kennzahl erfasst.

- **Exergieverlustzahl** $\tilde{K}^{E}$ **(Gl. (6.9))**
  wie zuvor beschrieben, aber bei Durchströmungen.
- **Gesamt-Exergieverlustzahl** N^{E} **(Gl. (6.12))**
  Dieser Beiwert erfasst bei einer konvektiven Wärmeübertragung den Exergie-verlust sowohl im Strömungs- als auch im Temperaturfeld.
- **Thermodynamischer Leistungsparameter** $\tilde{\eta}$ **(Gl. (6.13))**
  Dieser Beiwert dient zur Bewertung von Maßnahmen, die einen konvektiven Wärmeübergang beeinflussen. Zahlenwerte $\tilde{\eta} > 1$ beschreiben dabei positive Effekte im Sinne einer Reduktion der Gesamt-Exergieverluste durch die betrach-tete Maßnahme.

Was Sie aus diesem *essential* mitnehmen können

- Die Betrachtung der Entropie bei der Energieübertragung in Form von Wärme erlaubt es, Verluste bei der Wärmeübertragung zu benennen und dann auch zu bestimmen.
- Verluste bei der Wärmeübertragung sind eine Folge der Entropieproduktion, die unmittelbar den Exergieverlust bestimmt.
- Mit der alleinigen Verwendung der Nußelt-Zahl zur Beschreibung eines Wärmeüberganges können die dabei auftretenden Verluste nicht quantitativ beschrieben werden.
- Mit dem Konzept des entropischen Potentials einer Energie gelingt es, eine Energieentwertungszahl zu definieren, die einzelne Teilprozesse einer Prozesskette bewerten kann.
- Bei konvektiven Wärmeübertragungsprozessen können die Verluste im Strömungs- und im Temperaturfeld einheitlich bewertet und damit als insgesamt auftretende Verluste beschrieben werden, wenn in beiden Feldern die jeweilige Entropieproduktion bestimmt wird.

© Springer Fachmedien Wiesbaden GmbH, ein Teil von Springer Nature 2019   37
H. Herwig, *Wärme und Entropie,* essentials,
https://doi.org/10.1007/978-3-658-26970-8

Literatur

Gee, D., & Webb, R. (1980). Forced convection. Heat transfer in Helically Rib-Roughened Tubes. *Int. Journal of Heat and Mass Transfer, 23*, 1127–1136.

Herwig, H. (2011). The role of entropy generation in momentum and heat transfer. *Journal of Heat Transfer, 134*, 031003-1-11.

Herwig, H. (2016). What exactly is the nusselt number in convective heat transfer problems and are there alternatives? *Entropie, 18*, 198-1-15.

Herwig, H. (2017a). *essential Wärmeübertragung*. Wiesbaden: Springer.

Herwig, H. (2017b). *essential Dimensionsanalyse von Strömungen*. Wiesbaden: Springer.

Herwig, H., & Redecker, C. (2015). Heat transfer and entropy. In Heat Transfer Studies and Applications (S. 143–161). InTech.

Herwig, H., & Schmandt, B. (2013). Drag with external and pressure drop with internal flows: a new and unifying look at losses in the flow field based on the second law of thermodynamics. *Fluid Dynamics Research, 45*, 1–18.

Herwig, H., & Wenterodt, T. (2012). *Entropie für Ingenieure*. Wiesbaden: Vieweg+Teubner.

Rant, Z. (1956). Exergie, ein neues Wort für technische Arbeitsfähigkeit. *Forschung auf dem Gebiet des Ingenieurwesens, 22*, 36–38.

Wenterodt, T., & Herwig, H. (2014). The entropic potential concept: A new way to look at energy transfer operations. *Entropy, 16*, 2071–2084.

Wenterodt, T., Redecker, C., & Herwig, H. (2015). Second Law analysis for sustainable heat and energy transfer: The entropic potential concept. *Appl. Energy, 139*, 376–383.